BEI GRIN MACHT SICH IHR WISSEN BEZAHLT

- Wir veröffentlichen Ihre Hausarbeit, Bachelor- und Masterarbeit

- Ihr eigenes eBook und Buch - weltweit in allen wichtigen Shops

- Verdienen Sie an jedem Verkauf

Jetzt bei www.GRIN.com hochladen und kostenlos publizieren

Bibliografische Information der Deutschen Nationalbibliothek:

Die Deutsche Bibliothek verzeichnet diese Publikation in der Deutschen National-
bibliografie; detaillierte bibliografische Daten sind im Internet über http://dnb.d-
nb.de/ abrufbar.

Impressum:

Copyright © 2007 GRIN Verlag, Open Publishing GmbH
Druck und Bindung: Books on Demand GmbH, Norderstedt Germany
ISBN: 9783638952811

Dieses Buch bei GRIN:

http://www.grin.com/de/e-book/92811/umweltprobleme-in-china

Markus Müller

Umweltprobleme in China

Waldökologie und Landnutzung in Zentralchina

GRIN Verlag

Studienfakultät für Forstwissenschaft und Ressourcenmanagement

Umweltprobleme in China

verfasst von

Markus Müller

Interdisziplinäre Exkursion 2007
Waldbau, Vegetationskunde und Waldernährung

Waldökologie und Landnutzung in Zentralchina
12.09. bis 26.09.2007

Inhaltsverzeichnis

1 Einleitung

China ist in vielen Bereichen „ein Drache auf dem Sprung". Nach den marktwirtschaftlich orientierten Reformen Deng Xiaopings setzte ein enormes wirtschaftliches Wachstum ein. Viele sehen heute in dem Land eine echte Konkurrenz im Kampf um Märkte, günstige Produkte und zukünftigen Wohlstand. In China selbst nimmt der Wohlstand des Einzelnen in breiten Bevölkerungsschichten zu. Nie zuvor wurden so viele Menschen aus absoluter Armut befreit und nie zuvor konnte so viel konsumiert werden. Die Kehrseite dieses Wirtschaftsaufschwungs ist ein immenser Rohstoffverbrauch. Die Massenproduktion billiger Güter ist nur durch eine rücksichtslose Ausbeutung der natürlichen Ressourcen machbar. Die Investition in Umweltschutzmaßnahmen unterbleibt fast regelmäßig. Sichtbarste Zeichen der Zerstörung sind die Luftverschmutzung, der Landverbrauch und die Verunreinigung der Gewässer.

Welche Bereiche besonders zur Verschmutzung beitragen und wie sich die Umweltzerstörung in China und weltweit auswirkt soll im Folgenden dargestellt werden.

2 Grundlegende Ursachen der Ressourcenübernutzung

Ein wirtschaftlicher Aufschwung eines Landes geht stets einher mit zunehmendem Ressourcenverbrauch. Die Produktion von Gütern und Dienstleistungen verbraucht Rohstoffe und Energie. Daneben ist ein Anstieg des Verkehrsaufkommens zu beobachten, sowohl im Straßenverkehr, als auch in der Luft- und Seefahrt. Darüber hinaus hat China immer noch ein rasches Bevölkerungswachstum zu verzeichnen. Um den steigenden Bedarf an Lebensmitteln zu decken, werden daher immer neue Flächen für die Landwirtschaft erschlossen und auf den vorhandenen Ackerflächen mit Pestiziden und Dünger der Ertrag gesteigert.

Den Grundstein zum heutigen, beinahe ungezügelten, Wachstum legten die Wirtschaftsreformen der Kommunistischen Partei Chinas (KPC) in den 1970er und 1980er Jahren. Deng Xiaoping formulierte die „Marktwirtschaft chinesischer Prägung", welche das Land aus der herrschenden Armut befreien sollte. Diese Abkehr von reiner sozialistischer Planwirtschaft war, wie alle wesentlichen Entscheidungen, von oben verordnet. Mit der Aufforderung *„Werdet wohlhabend!"* (Deng Xiaoping) wurde jedem Chinesen die Möglichkeit gegeben, seinen persönlichen Wohlstand zu maximieren. In der konsequenten Umsetzung dieser Aufforderung liegt einer der Gründe für die Umweltzerstörung.

Ein weiterer Aspekt ist der ungebrochene, alleinige Führungsanspruch der KPC. Während zwar in den vergangenen Jahrzehnten so viele Menschen wie niemals zuvor aus absoluter Armut befreit wurden, herrscht allein aufgrund der Gesamtbevölkerung von annähernd 1,3 Mrd. Menschen immer noch viel Elend. Vor allem verarmte Bauern aus entlegenen Provinzen suchen als Wanderarbeiter ihr Auskommen in einfachen und schlecht bezahlten Jobs. Die Beschäftigung dieser durchs Land ziehenden Massen ist nur dank des Wirtschaftsbooms möglich. Um sozialen Unruhen vorzubeugen, welche die Macht der KPC gefährden könnten, ist die Partei drauf angewiesen den Aufschwung am laufen zu halten und so Arbeitsplätze zu schaffen.

Ein weiterer, nicht unerheblicher, Aspekt ist die eigenmächtige Übererfüllung der immer noch existenten 5-Jahres-Pläne durch lokale Parteikader. Um ihre eigene Karriere aus der Provinz an die Schaltzentralen der Macht zu beschleunigen, ist es für sie sicherlich hilfreich exzellente Bilanzen in punkto Wirtschaft vorzulegen und in den Staatsfabriken mehr zu produzieren als vorgesehen war. Dieses eigenmächtige Handeln an offiziellen Vorgaben vorbei erhöht das Wirtschaftswachstum unkalkulierbar, so dass es in Teilbereichen stärker ausfällt als statistisch erfasst.

3 Die vier Hauptbereiche der Umweltzerstörung

Eine Belastung der Natur mit organischen und anorganischen Stoffen findet sich in allen Bereichen menschlicher Aktivität. Um einen besseren Überblick über die konkrete Situation zu bekommen, werden nachfolgend vier wichtige Einzelbereiche aufgegriffen. Die Betrachtung bezieht sich auf die Sektoren Industrie, Städte und Verkehr, Energieerzeugung sowie Landwirtschaft. In diesen Bereichen sind in China viele der für Entwicklungsländer typischen Fehlentwicklungen zu beobachten.

3.1 Industrie

Wie einem Artikel des Magazins *Der Spiegel* (22/2005) zu entnehmen ist, trägt die Industrie rund 20 % zur Wirtschaftsleistung Chinas bei. Die Industrieproduktion stieg seit 1990 jährlich zwischen 10 und 20 Prozent gegenüber dem Vorjahr wobei das Ziel der Staatsführung eine Vervierfachung der Wirtschaftsleistung innerhalb der nächsten 20 Jahre ist. Das traditionelle Rückgrat der Industrie bilden die Provinzen nördlich von Peking, vor allem Heilongjian, Jilin und Liaoning. In typisch kommunistischer Weise wurden hier Schwerindustrie, Chemie und Erdölverarbeitung in einer „Modellregion" konzentriert. Nach einer relativ langen Phase wirtschaftlichen Aufschwungs, ist heute die Produktion rückläufig, da vor allem die

Erdölfelder ausgebeutet sind. Umweltaspekte spielten beim Aufbau der Industrie in den 1970er Jahren keinerlei Rolle, so dass die gesamte Region verseucht ist. Hauptsächlich Altlasten der Chemie- und Stahlproduktion wie Schlacken und wilde Deponien geben Gifte in den Boden und ins Grundwasser ab.

Die heutige Industriestruktur ist vor allem durch Dezentralisierung und eine Konzentration der Leichtindustrie in den Küstenprovinzen von Peking bis Hongkong geprägt. Diese Leichtindustrie verarbeitet überwiegend Halbfertigprodukte zu Waren für den Export, wie Schuhe, Spielzeug, Kleidung und Elektronikartikel. Die dafür eingesetzten Halbfertigprodukte wiederum stammen aus den weit im Land verstreuten Zulieferfabriken, welche auf Geheiß der KPC errichtet wurden, um rückständige Provinzen zu entwickeln. Dadurch erreicht die Verschmutzung auch Regionen, die bislang keine nennenswerte Industrieansiedlung hatten.

Besonders eindrucksvoll veranschaulicht dies die Stickstoffdioxidkonzentration (NO_2) in der Luft über China im direkten Vergleich mit Europa und den USA. Während in Europa und Amerika die Konzentration insgesamt niedriger und gleichmäßiger in der Fläche verteilt ist, bietet sich in Chinas ein anderes Bild. Die höchsten Schadstoffkonzentrationen finden sich in den Zentren der Industrie entlang der Küste und rund um Hongkong. Die absoluten Werte der NO_2 Belastung, liegen um ein Vielfaches höher und treten zudem auf einer wesentlich größeren Fläche auf. Die wenig entwickelten westlichen und nördlichen Landesteile sind von Stickstoffemissionen kaum betroffen. Die aktuelle Verteilung der atmosphärischen Belastung erscheint vor allem auch deshalb problematisch, da sie zugleich sehr dicht besiedelte Regionen betrifft und so eine besondere Gesundheitsgefährdung darstellt.

Der staatlich geförderte Aufbau privater Industrieproduktion mittels billiger Kredite und steuerlicher Anreize, funktionierte in der Vergangenheit sehr gut. Heute stellt China ungefähr je ein Drittel der Weltproduktion an Stahl und Aluminium sowie je die Hälfte bei Flachglas und Zement her. Diese Produkte sind von Haus aus mit einem sehr hohen Energieeinsatz verbunden. Ein großer Schwachpunkt der chinesischen Produktion ist, dass sogar neueste Fabrikanlagen sehr ineffizient arbeiten. Die Verschwendung von Rohstoffen wird heute von der Führung als ernstzunehmendes Problem erkannt. Vor allem der Stromverbrauch liegt im weltweiten Vergleich an der Spitze. So werden, gegenüber dem internationalen Mittel, zur Herstellung von einer Tonne Stahl 20 % und für eine Tonne Zement 50 % mehr Energie benötigt (*Kahn, Yardley, 2007*). Im direkten Vergleich mit dem größten Konkurrenten Indien werden, nach Angaben der SEPA, zur Herstellung von 1 $ Bruttoinlandprodukt (BIP) etwa dreimal so viele Rohstoffe eingesetzt.

3.2 Städte und Verkehr

Die zunehmende Produktion der neuen Fabriken hat den Strom der Menschen, die auf der Suche nach Arbeit, vom Land in die großen Städte ziehen anschwellen lassen. Überall entstehen neue Wohnsiedlungen und die Städte wachsen mit enormer Geschwindigkeit. Eines der großen Probleme dieser Bevölkerungsumverteilung ist, dass meist keinerlei geregelte städtebauliche Planung vorhanden ist. Die Ausweisung neuer Baugebiete erfolgt rein nach Bedarfsaspekten und ohne Berücksichtigung natürlicher Gegebenheiten. Mit den Wohngebieten kommt es zu steigender Zersiedelung und Bodenversiegelung. In Abb. 1 ist diese Entwicklung am Beispiel der Stadt Shenzhen zu sehen. Das Häusermeer auf der rechten Bildseite war bis vor wenigen Jahren noch nicht vorhanden. Stattdessen erstreckten sich die Reisfelder zu beiden Seiten des Flusses.

Abb. 1: Zersiedelung in Shenzhen   Der Spiegel 44/2004, S.157

Bedingt durch die steigende Bevölkerungsdichte und die starke Bebauung kommt es zu sinkenden Grundwasserspiegeln in den Metropolen. Die Versorgung mit Trinkwasser findet aus den stadtnahen Flüssen und aus Grundwasserquellen statt. Der Ausbau der städtischen Infrastruktur hängt in den neuen Siedlungen weit nach. Vor allem Kläranlagen sind meist nicht vorhanden, so dass mittlerweile 90% der stadtnahen Flüsse verschmutzt sind. Gemessen wird der Grad der Verschmutzung mittels des Saprobien-Index, der anzeigt welche Qualität ein Gewässer für die darin befindlichen Lebewesen bietet. Die Abbildung 2 liefert einen Überblick über den Zustand der größten chinesischen Flüsse wie er im Jahresbericht 2004 der chinesischen Umweltbehörde SEPA veröffentlicht wurde.

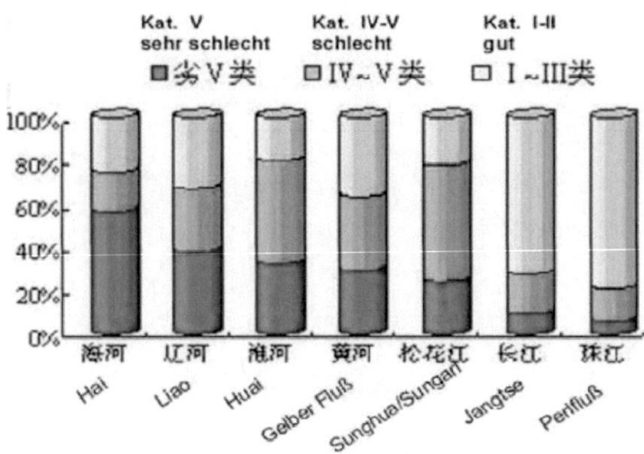

Abb. 2: Zustand chinesischer Flüsse nach dem Saprobienindex

Nach Angaben des Ministeriums für Bauwesen, wurden im Jahr 2000 rund 34% der städtischen Abwässer in Kläranlagen behandelt. Von den 661 Städten des Landes verfügen zurzeit nur 383 überhaupt über Anlagen zur Abwasserbehandlung. Auf dem Land und in kleineren Siedlungen sind derartige Maßnahmen überhaupt nicht anzutreffen.

Der zunehmende Wohlstand lässt bei vielen Chinesen neben dem Traum von einer eigenen Wohnung den Wunsch nach einem Auto erwachen. Die Nation der Fahrradfahrer wandelt sich in begeisterte Autofahrer mit alle den negativen Begleiterscheinungen. Verstopfte Straßen und steigender Benzinverbrauch ebenso wie zunehmende Luftverschmutzung. Der innerstädtische Smog wird zu einem erheblichen Teil durch Straßenverkehr verursacht. Die chinesische Umweltbehörde SEPA hat zur Information der Öffentlichkeit einen so genannten *Ambient Air Quality Daily Report* eingerichtet, dessen Hauptinstrument der *Air Quality Indices (API)* ist. Städte die in ein landesweites Monitoring-Netzwerk integriert sind, müssen ihre Luftqualität täglich messen und melden. Die Messung erfolgt nach festgelegten Standards und umfasst die drei Hauptverschmutzungen SO_2, NO_2, CO, Ozon und Feinstaub (inhalable particulates). Die Konzentrationen werden in einen Punktewert umgesetzt und damit in eine Luftverschmutzungsklasse eingestuft. Diese wiederum erlaubt Aussagen über die Schwere der zu erwartenden gesundheitlichen Beeinträchtigungen. Die auf der nächsten Seite folgende Tabelle 1 zeigt die Punktwerte mit den zugrunde liegenden Schadstoffkonzentrationen.

Pollution Index	Pollutant Concentrations (mg/cubic meter)				
API	SO_2 (daily average)	NO_2 (daily average)	PM_{10} (daily average)	CO (hourly average)	O_3 (hourly average)
50	0.050	0.080	0.050	5	0.120
100	0.150	0.120	0.150	10	0.200
200	0.800	0.280	0.350	60	0.400
300	1.600	0.565	0.420	90	0.800
400	2.100	0.750	0.500	120	1.000
500	2.620	0.940	0.600	150	1.200

Tab. 1: API Werte und Schadstoffkonzentration   www.sepa.gov.cn/english/airqualityinfo.htm

In Tabelle 2 sind die zu erwartenden gesundheitlichen Symptome erläutert, sowie Maßnahmen zum persönlichen Schutz aufgeführt, die bei der entsprechenden Belastung der Luft mit Schadstoffen getroffen werden sollten.

API	Air quality Description	Grade	Effects to health	Measures suggested
0-50	Excellent	1	Daily activities not be affected	
51-100	Good	2		
101-150	Slightly polluted	3A	The symptom of the susceptible is aggravated slightly, while the healthy people will appear stimulate symptom.	The cardiac and respiratory system patients should reduce strength draining and outdoor activities.
151-200	Light polluted	3B		
201-250	Moderate polluted	4A	The symptoms of the cardiac and lung disease patients aggravate remarkably, and the exercise endurance drop lower. The healthy crowds popularly appear some symptoms.	The aged, cardiac and lung disease patients should stay indoors and reduce physical activities.
251-300	Moderate-heavy polluted	4B		
>300	Heavy polluted	5	The exercise endurance of the healthy people drops down, some appears strong symptoms remarkably. Some diseases appear earlier.	The aged and patients should stay indoors and avoid strength draining; the ordinary should avoid outdoor activities.

Tab. 2: API und Auswirkungen auf die Gesundheit   www.sepa.gov.cn/english/airqualityinfo.htm

Nationales Ziel der SEPA ist eine Luftqualität der Stufe 2 (entspricht „Good"). Die in den Städten am meisten anzutreffenden Schadstoffe sind Feinstaub und Stickoxide, welche aus steinkohlebetriebenen Heizungen und vom Verkehr emittiert werden.

3.3 Energieerzeugung

Die Energieerzeugung Chinas war schon immer geprägt durch den Einsatz fossiler
Energieträger. Wie in Abbildung 3 zu sehen, dominieren auch heute noch Kohle, Erdöl und
Erdgas mit einem Anteil von zusammen rund 93% den Energiesektor.

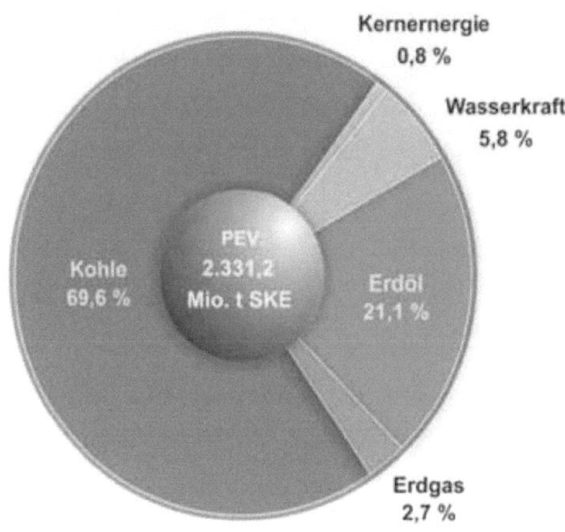

Quelle: Sandro Schmidt, *Die Rolle Chinas auf dem Weltkohlenmarkt*, in:
Commoditiy Top News, 8.1.2007, Bundesanstalt für Geowissenschaften
und Rohstoffe

Abb. 3: Anteil der Energieträger an der chinesischen Stromerzeugung

Steinkohle stellt heute den mit Abstand wichtigsten Energieträger der chinesischen Wirtschaft
dar. Ihre Verwendung hat für das Land einige wesentliche Vorteile. Zum einen ist sie ein
heimischer Energieträger, der nicht importiert werden muss. Somit begibt man sich in keine
Abhängigkeit von Drittstaaten, wie in etwa beim Erdöl. Zum anderen ist sie noch in riesigen
Mengen vorhanden. Die Lagerstätten sind fast über das gesamte Land verteilt und günstig zu
erschließen. Teilweise lagert die Kohle direkt unter der Erdoberfläche. Die wichtigsten
Förderprovinzen sind Shanxi, Henan, Shandong, Shaanxi und die Innere Mongolei. Größter
Nachteil der chinesischen Steinkohle ist ihre überwiegend schlechte Qualität, vor allem der
geringe Brennwert und hohe Schwefelgehalt. Diese schlechte Energieeffizienz führt zu
Mehrverbrauch und Belastungen der Luft mit SO_2 Einträgen, die wiederum zu saurem Regen
führen. Im Jahr 2007 wurden durch die Verbrennung der Kohle 25 Mio. Tonnen
Schwefeldioxid in die Luft emittiert, was einer Steigerung von 27% gegenüber dem Jahr 2000
entspricht.

Um den wachsende Energiebedarf des Landes zu stillen, plant die KPC bis zum Jahr 2020 einen forcierten Ausbau der Kernenergie. Zurzeit betreibt China 8 Kernkraftwerke in zwei Küstenprovinzen die rund 50 Mrd. Kilowattstunden Strom erzeugen. Geplant ist bis 2020 32 neue Anlagen zu errichten und die Stromproduktion auf 220 Mrd. Kilowattstunden hochzufahren. Der positive Effekt eines Ausbaus der Atomenergie ist die Einsparung von CO_2 das durch die Verbrennung fossiler Energieträger entstehen würde. Es gibt aber auch gravierende Nachteile, die bei Annahme der heute bekannten chinesischen Standards, die Vorteile überwiegen. Zum einen muss der Rohstoff Uran aufwendig im Tagebau gefördert werden. Zum anderen ist eine sichere Endlagerstätte für verbrauchte Brennstäbe noch nicht sichergestellt.

Als zweite Option einer regenerativen Energieerzeugung wird derzeit der Drei-Schluchten-Staudamm gebaut. Die auf den ersten Blick fortschrittliche Nutzung der Wasserkraft zur Stromerzeugung relativiert sich allerdings bei einer genauen Betrachtung des Megaprojekts. Bereits seit 1944 geplant, kam es erst 1994 zum ersten Spatenstich. Bei endgültiger Fertigstellung 2013 soll der Stausee eine Tiefe von bis zu 180 m und eine Länge von 663 km haben. Der Gesamtstauraum wird 39,3 Mrd. m^3 betragen und damit lediglich 10 Mrd. m^3 weniger Wasser als der Bodensee beinhalten. Es werden riesige Flächen unter dem See verschwinden, insgesamt rund 84.000 ha Land, 13 Städte und 650 große Fabriken. Bis zu 2 Millionen Menschen müssen ihre Häuser verlassen und werden umgesiedelt. Das mindestens 56 Mrd. Euro teure Bauwerk wird 84 Mrd. Kilowattstunden Strom erzeugen, was ca. 7% des derzeitigen Bedarfs entspricht. Der Positive Aspekt ist die Einsparung von bis zu 50 Mio. Tonne Kohle. Als negativ zu bewerten ist die Überflutung der großen Landfläche. Es ist zu befürchten, dass aus den untergegangenen Fabriken noch nach Jahrzehnten Gifte den Stausee verseuchen. Die im See befindliche Biomasse wird unter Sauerstoffausschluss verrotten und hohe Methanmengen an die Atmosphäre abgeben, die das eingesparte CO_2 in ihrer Klimaschädlichkeit bei weitem überwiegen.

3.4 Landwirtschaft

Der stetige Anstieg der Bevölkerung, welcher auch durch die verordnete 1-Kind-Politik nur leicht gebremst werden konnte, führt zu einem Mehrbedarf an Nahrungsmitteln. Zudem fördert der steigende Wohlstand den Konsum hochwertigerer und damit produktionsintensiver Produkte wie Fleisch. Um den Bedarf zu decken, konnten in der Vergangenheit immer neue Flächen erschlossen werden. Diese Möglichkeit ist heute durch Konkurrenzmechanismen stark eingeschränkt. Zum einen werden immer mehr Siedlungsflächen auf wertvollem

Ackerland errichtet. Zum anderen sind bereits heute 2,7 Mio. km^2 (=27%) der Landesfläche Wüste. Trotz großer Anstrengungen kommen jährlich rund 1.600 km^2 neue Wüstegebiete hinzu. Die Ursachen für die Wüstenausbreitung sind Übernutzung, falsche Bewässerungstechniken und der Anbau ungeeigneter Feldfrüchte auf Grenzstandorten, zum Teil auch für den Export. Als Folgen der Überdüngung und falscher Bewässerung treten Versalzung und Erosion auf.

Weitere problematische Umweltgefahren im Bereich der Landwirtschaft sind ein sorgloser und überdosierter Einsatz von Pflanzenschutzmitteln. Diese schädigen Flora, Fauna und Menschen direkt bei der Ausbringung. Zudem werden Produktreste und Verpackungen wild in der Landschaft entsorgt und verseuchen Böden und Gewässer auf lange Zeit. Die in den Agrarprodukten enthaltenen Pflanzenschutzmittel gelangen über die Nahrungskette auf indirektem Weg wiederum zu den Menschen.

4 Kosten der Umweltzerstörung

Die beschriebenen massiven Zerstörungen der Umwelt bleiben natürlich nicht folgenlos. Gerade in einem Land wie China, das mit einigen gegebene Ungunstfaktoren zu kämpfen hat, wirkt sich dies aus. Zum einen leben hier mit derzeit 1,3 Mrd. Menschen so viele wie in keinem anderen Land der Erde. Zum anderen konzentrieren sich diese Bevölkerungsmassen auf einem relativ kleinen Gebiet wodurch sich die Probleme potenzieren. Zum anderen sind weite Teile des Landes, wie etwa die Berge des Himalya und die nördlichen und westlichen Wüstengebiete, nicht zur dauerhaften Besiedelung und Bewirtschaftung geeignet.

Die Umweltprobleme gehen direkt einher mit hohen Kosten für das Land und die Bevölkerung. Diese lassen sich in Kosten für die Allgemeinheit (und damit auch für die restliche Weltbevölkerung) und individuelle Kosten für jeden einzelnen Chinesen aufteilen.

4.1 Allgemeinkosten

Die Kosten für die Allgemeinheit betreffen vor allem Umweltzerstörungen die sich grenzübergreifend und weltweit auswirken. Der hohe Bedarf an Rohstoffen für die steigende Produktion lässt sich nicht mehr in China selbst decken. Bereits heute werden weltweit Grundstoffe auf den Weltmärkten eingekauft. Vor allem die Erdölförderung in Afrika und asiatischen Nachbarländern durch Firmen die immer häufiger direkt oder indirekt unter chinesischer Kontrolle stehen ist zu nennen. Aber auch der Raubbau an den Wäldern in Asien, Afrika und Russland zur Deckung des Holzbedarfs ist zu nennen. Häufig finden auf diesem Gebiet illegale Rodungen statt, um möglichst billig zu liefern. Der Abbau von Erzen und

Mineralien ist ein weiterer Aspekt weltweiter Rohstoffbeschaffung. Die Explorationsgebiete der chinesischen Aufkäufer sind durch Zerstörung der Lebensgrundlage und Vernichtung wertvoller Lebensräume gekennzeichnet. Die Lieferanten sitzen zumeist in Ländern der dritten Welt, welche selbst nur geringe Umweltstandards haben.

Die Emissionen in Luft und Gewässer machen ebenso nicht an den Grenzen Chinas halt. Weltweites Medienecho fand die Verseuchung des chinesisch-russischen Grenzflusses Amur mit Benzol aus einer Chemiefabrik im Jahr 2006. Auch einer der wichtigsten Flüsse Südostasiens, der Mekong, ist zunehmend durch die Giftfracht belastet. Die Versorgung mit sauberem Wasser wird so für Anrainerstaaten immer unsicherer.

Emissionen aus Kraftwerken, Industrie und Verkehr belasten die Luft. Die Fracht an SO_2, NO_x, CO_2 und Stäuben verteilt sich mit den Luftströmungen rund um den Erdball. So konnten mittlerweile hohe Partikelkonzentrationen aus China in Los Angeles nachgewiesen werden. Nicht zuletzt wird der globale Klimawandel durch die steigenden Ausstoßmengen an klimawirksamen Gasen beschleunigt.

4.2 Individualkosten

Die Auswirkungen der Umweltzerstörung sind jedoch nicht nur weltweit spürbar. Weitaus schlimmer trifft es die Menschen in China selbst.

Die Belastung durch Gifte und sich verschlechternde Lebensbedingungen erfordern etliche Investitionen in persönliche Schutzmaßnahmen. So müssen auf eigene Kosten Atemschutzmasken in vom Smog betroffenen Großstädten gekauft werden. Familien die keinen Zugang zu sauberem Trinkwasser mehr haben, müssen sich täglich Wasser in Kanistern oder Flaschen kaufen. Der Preis für einen Liter Wasser in Flaschen liegt derzeit bei rund 0,20 Euro. Unterstellt man einen persönlichen Bedarf von 2,5 l Trinkwasser pro Person und Tag, so summieren sich die Ausgaben auf jährlich 180 Euro. Dies entspricht dem Jahreseinkommen eines durchschnittlichen chinesischen Bauern.

Oftmals müssen bereits arme Familien, die Böden mit geringem Ertrag bewirtschaften ihre Landwirtschaft aufgeben. Versalzung und Verwüstung zwingen sie zur Umsiedelung oder falls dies nicht finanziert werden kann zum Leben in Armut, da alternative Erwerbmöglichkeiten fehlen.

Die Gesundheitsbehörden vermelden in den letzten Jahren eine steigende Zahl von mutmaßlich auf Umweltgifte zurückgehende Krankheiten wie Krebs, Atemwegserkrankungen, Geburtsfehler und akute Vergiftungserscheinungen. Jährlich sterben in China über 400.000 Menschen direkt an den Folgen der Umweltzerstörung.

5 Zusammenfassung

Ausgehend von den mutigen Reformen der KPC ab dem Anfang der 1980er Jahre erlebt China heute einen gewaltigen Wirtschaftsaufschwung. Dieses Wachstum verhilft vielen Menschen zu neuem Wohlstand und befreit Millionen aus tiefer Armut. Die Kehrseite dieses Booms ist die zunehmende Zerstörung der Umwelt, die mittlerweile von der politischen Führung als ernstzunehmendes Problem erkannt wird.

Die vier großen Wirtschaftsbereiche Industrie, Energieerzeugung, Städte und Verkehr sowie Landwirtschaft tragen jeweils auf ihr eigene Art und Weise sowohl zum Wachstum wie auch zur Zerstörung bei.

Die Führung des Landes tut gut daran, das grenzenlose Wachstum einzuschränken und in geregelte Bahnen zu lenken. In Abbildung 4 ist eine Übersicht über die Wachstumsraten der chinesischen Wirtschaft von 1998 bis 2006 gegeben.

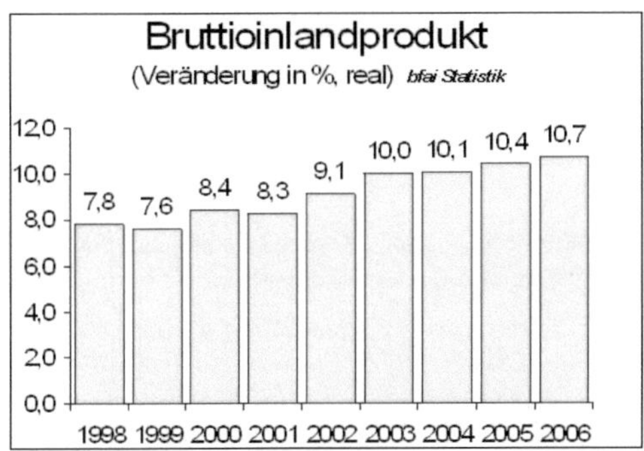

Abb. 4: Veränderung des chinesischen BIP 1998-2006

Nach Angaben der OECD betragen die Schäden durch Landverlust, Verlust an Wäldern und Lebensräumen sowie durch gesundheitliche Folgen 8 bis 13% des BIP jährlich. Das bedeutet China zerstört sich sein gewonnenes Wirtschaftswachstum durch die Umweltzerstörung selbst wieder.

Als positive Entwicklung ist das zunehmende Umweltbewusstsein der jüngeren Generation zu nennen. Die jungen Chinesen begreifen im Angesicht immer sichtbarerer Auswirkungen, dass ein Weitermachen wie bisher nicht möglich ist. Somit setzt sich der Gedanke an Umweltschutz, auch inspiriert durch zunehmenden Kontakt zu anderen Ländern, zwar langsam aber dennoch stetig durch.

6 Literaturverzeichnis

Altmeyer, K.: *Wie grün ist China?* Auf: www.wwf.de/downloads/wwf-magazin/april-2006/ wie-gruen-ist-china/

Bundesagentur für Außenwirtschaft: *bfai Wissen Weltweit, Energiewirtschaft VR China 2006.* Köln, 2007

Bundesagentur für Außenwirtschaft: *bfai Wirtschaftsdaten kompakt VR China.* Köln, 2007

che (Autorenkürzel): *Benzol im Songhua Fluß.* In: Frankfurter Allgemeine Zeitung Nr. 276, Frankfurt/M., 26.11.2005, S. 12

Follath, E., Jung, A., Lorenz, Simons, S., A., Wagner, W.: *Der Kopf des Drachen.* In: Der Spiegel, Nr. 44/2004, S. 146-158, Hamburg, 2004

Gesellschaft für Technische Zusammenarbeit: *Daten zur Desertifikation Asien.* Bonn, 2007, www.gtz.de/desert

Greenpeace Deutschland e.V.: *Klimawandel verstärkt die Wüstenbildung.* Nr. 6/2006, Hamburg, 2006

Kahn, J., Yardley, J.: *The toxic problems of China's Industry are also the world's.* In: The New York Times, Beilage der Süddeutschen Zeitung, München, 03.09.2007

Lorenz, A., Wagner, W.: *Billig, willig, ausgebeutet.* In: Der Spiegel, Nr. 22/2005, S. 80-90, Hamburg, 2005

Lorenz, A., Wagner, W.: *Gift für den ganzen Erdball.* In: Der Spiegel, Nr. 4/2007, S. 124-128, Hamburg, 2007

National Environmental Monitoring Centre: *Technological Rules Concerned "Ambient Air Quality Daily Report".* China, 2007, www.sepa.gov.cn

Rudolph, J.-M. (Hrsg.): *Xiu Cai China im (Schau) Bild (1).* Monatsschrift des Ostasien- instituts der FH Ludwigshafen, Nr. 86/2007, Ludwigshafen, 2007

Schmidt, S.: *Die Rolle Chinas auf dem Weltkohlenmarkt.* In: Commodity Top News, Bundesanstalt für Geowissenschaften und Rohstoffe, 08.01.2007

Ulrich, D., Weiß, M.: *Harbin: "Niemand hat uns etwas davon gesagt!"* In: Die neue Epoche, 30.11.2005

www.peking.diplo.de/Vertretung/peking/de/05/Aussenwirtschaftsfoerderung/umweltschutz_ _seite.html

www.vistaverde.de/news/Natur/0201/29_china.htm

www.vistaverde.de/news/Politik/0402/23_china.php

http://german.china.org.cn

http://german.china.org.cn/environment/txt/2007-05/18/content_8272571.htm